ENCYCLOPÉDIE

POPULAIRE,

OU

LES SCIENCES, LES ARTS

ET LES MÉTIERS

MIS A LA PORTÉE DE TOUTES LES CLASSES.

L'instruction mène à la fortune
et conduit au bonheur.

Les contrefacteurs seront poursuivis selon toute la rigueur de la-loi.

Extrait du Code pénal.

Art. 425. Toute édition d'écrits, de composition musicale, de dessin, de peinture ou de toute autre production, imprimée ou gravée EN ENTIER OU EN PARTIE, au mépris des lois et règlemens relatifs à la propriété des auteurs, est une contrefaçon, et toute contrefaçon est un délit.

Art. 427. La peine contre le contrefacteur, ou contre l'introducteur, sera une amende de cent francs au moins et de deux mille francs au plus, et contre le débitant, une amende de vingt-cinq francs au moins et de cinq cents francs au plus.

La confiscation de l'édition contrefaite sera prononcée tant contre le contrefacteur que contre l'introducteur et le débitant.

Les planches, moules et matrices des objets contrefaits seront aussi confisqués.

ART
DU CHAUFFAGE

DOMESTIQUE

ET

DE LA CUISSON ÉCONOMIQUE

DES ALIMENS;

PAR M. E. PELOUZE,

AUTEUR DU *Maître de Forges*, etc.

DEUXIÈME ÉDITION.

Augmentée de plusieurs articles et d'une
planche gravée.

PARIS,

AUDOT, ÉDITEUR,

RUE DES MAÇONS-SORBONNE, Nº 11.
1828.

IMPRIMERIE DE A. HENRY,
RUE GIT-LE-COEUR, N° 8.

AVANT-PROPOS.

—

Une des grandes difficultés qu'offrent les descriptions en général, soit des procédés des arts, ou des propriétés des corps, c'est la nécessité où l'on se trouve de se répéter quelquefois, si, ayant à isoler des matières qui ont entre elles d'intimes et de nombreux rapports, l'on veut éviter de briser ces points de contact, et si, en même tems, l'on craint de rien omettre de ce que l'on juge utile de faire connaître.

Nous nous trouvons actuellement dans cette espèce d'embarras ; mais nous pouvons sans doute compter que nos lecteurs, équitables appréciateurs du soin extrême que nous prenons d'ailleurs de ne leur rien offrir d'oiseux, sauront bien juger notre position.

Dans notre *Art du Fumiste*, nous n'avions à considérer les cheminées que sous le rapport des efforts à faire pour les empêcher de répandre la fumée dans les appartemens; mais ce point essentiel étant lié à plusieurs considérations sur l'intensité de la chaleur dans ces mêmes cheminées, il a bien fallu que nous ayons porté un coup d'œil rapide sur le chauffage

Maintenant que notre objet spécial est le chauffage, et le moyen d'en obtenir le plus possible avec la plus petite quantité de combustible, il ne nous suffit pas d'examiner la construction des foyers et des grilles seulement : force nous est de ramener, sous ce rapport-là, les cheminées dans notre travail, et nous ne pouvons guère en écarter toute observation sur l'influence que le degré de la chauffe peut avoir sur un bon tirage des tuyaux. Quelques mots de caminologie nous échappent donc malgré nous. Nous pouvons au moins garantir que nous avons fait tous nos efforts pour éviter le plus possible cette confusion des matières.

ART

DU CHAUFFAGE

DOMESTIQUE

ET

DE LA CUISSON ECONOMIQUE

DES ALIMENS.

~~~~~~~~~~~~~~~~~~~~~~~~~~~~~~~~~~~~~~~

CHAPITRE PREMIER.

DES APPAREILS DE CHAUFFAGE, ET PRINCIPALEMENT DES POÊLES.

En parlant de la construction et de l'effet des cheminées (*voy.* le Fumiste), nous avons expliqué avec assez de détails la manière dont se fait l'expansion produite dans une masse d'air par la chaleur, d'où résulte ce mouvement ascensionel dans nos cheminées, qui
~~~~~~~~~~~~~~~~~~~~~~~~~~~~~~~~~~~~~~~

emporte les produits de la combustion, et qui est généralement connu sous la dénomination impropre de *tirage*, qu'il faudrait remplacer par celle de *poussée*, parce qu'en effet c'est la colonne d'air moins échauffé et plus pesant de l'appartement qui chasse devant elle la fumée et l'air raréfié que contient la cheminée.

Maintenant, en traitant de la construction des poêles, nous allons nous occuper de décrire une méthode de chauffage qui est intrinsèquement différente, et nous devons avoir égard aux circonstances qui distinguent celle-ci de l'autre.

Nous n'avons encore considéré le chauffage des appartemens que sous le rapport du calorique rayonnant. C'est le mode le plus usité d'employer le combustible, mais ce n'est pas le seul, ce n'est même pas le plus efficace; la chaleur se répand aussi et se met en équilibre par une communication immédiate avec les corps qui en sont baignés. L'air en contact immédiat avec le combustible qui brûle, s'échauffe et cède une partie de sa chaleur à l'air qui se trouve au-delà, et cette chaleur est partagée par l'air encore plus éloigné. Cette diffusion de la chaleur par communication, *in contactu*, continue jusqu'à ce que l'air le plus éloigné, celui contigu à la muraille, le plancher, le plafond, les meubles, les individus, tout enfin, reçoive de la chaleur à proportion de son attraction et de sa capacité. Et comme, de cette manière, l'air est continuellement renouvelé et continuellement émet de la chaleur, les murs, etc., s'échauffent graduellement, et l'appartement devient agréable. Mais cette diffusion par le contact est lente, spécialement dans un air très-sec; tellement lente, vraiment, que l'air dans le voisinage immédiat du combustible est poussé vers le haut de la cheminée avant d'avoir eu le tems de communiquer rien de sa chaleur. Nous savons que le tems employé par le calorique, pour se répandre ainsi à travers l'air stagnant, à une distance même modérée, est très-considérable; voilà pourquoi nous imaginons que la chaleur communiquée à nos appartemens, par un feu ouvert, est due uniquement au rayonnement.

Toute différente est la méthode de chauffer une chambre au moyen d'un

1 *

poêle. Ici le rayonnement, s'il y en a aucun, n'est que bien faible.

Le mode de chauffage par le moyen des poêles doit donc être conduit d'après des principes fort différens de ceux qui régissent l'emploi des cheminées à feu ouvert. Le principe général est ici 1° d'employer le combustible de la manière la plus efficace pour échauffer la partie extérieure du poêle, ce qui procure immédiatement l'échauffement de l'air contigu; et 2° de conserver dans la chambre l'air déjà échauffé, du moins autant que cela est compatible avec les soins de salubrité et de propreté.

Le premier objet s'obtient en conduisant les issues du fourneau tout à l'entour de ses parties extérieures, ou, en d'autres mots, en rendant extérieures toutes les parties des issues. De toutes les formes, celle d'un long tuyau, revenant en arrière et se portant de nouveau en avant, et de haut en bas (pourvu toutefois que le point de la dernière évacuation soit considérablement plus élevé que celui de l'entrée) est la plus efficace. Nous avons vu un très-petit poêle construit sur ce principe et renfermé dans un élégant étui de tôle polie percée et découpée en feuillages comme le coq d'une montre, ensorte que les tuyaux étaient cachés à la vue. Quoique ce poêle n'eût que 3 pieds de long, 1 pied de large et 6 pieds de hauteur, il échauffait complétement nn appartement très-élevé de 21 pieds sur 18, et ne consommait que la moitié du combustible employé dans des poêles ordinaires, qui ne pourraient échauffer un tel appartement.

L'air d'une chambre est également susceptible d'être échauffé, soit en l'appliquant à la surface d'un petit poêle chauffé très-fortement, soit à celle d'un poêle beaucoup plus grand et chauffé modérément. Le premier moyen est principalement employé en Hollande, dans la Flandre et dans les parties tempérées de l'Allemagne et de la Pologne; le second moyen est généralement en usage dans les climats âpres de la Suède et de la Russie. Les premiers poêles sont ordinairement en fonte, et les seconds construits en briques et recouverts de carreaux vernissés ou de stuc.

En général, un poêle peut être considéré comme un foyer fermé de tous les côtés, auquel il ne reste qu'un passage pour recevoir l'air qui alimente la combustion, et qui est muni d'un tube pour donner issue à l'air vicié et à la fumée : l'air de l'appartement ne s'échauffe, avec cet appareil, qu'en venant au contact de l'extérieur du poêle et du tuyau. Le premier principe de cette construction est, par conséquent, on ne peut pas plus simple. Il faut forcer l'air à un contact le plus immédiat possible avec le feu, ou même le faire passer au travers, et cela en quantité telle, que le combustible en reçoive juste ce qu'il en faut pour son entière consommation, et rien de plus. En outre, la construction du poêle doit être telle, que le combustible qui brûle et l'air qui a été échauffé par lui, soient appliqués à une surface du fourneau la plus étendue possible, baignée par l'air de l'appartement; de plus, l'air échauffé dans l'intérieur du poêle doit y être retenu jusqu'à ce que, cessant d'être assez échauffé, il ne soit plus susceptible de produire beaucoup d'effet calorifiant à l'extérieur; alors seulement il faut lui permettre de s'échapper par le tuyau.

Par conséquent la forme générale d'un poêle, dont toutes les autres ne

peuvent être que des modifications
adaptées aux circonstances d'utilité ou
de goût et d'agrément, doit être la sui-
vante : soit une boîte quadrangulaire,
de dimensions quelconques. La largeur
intérieure, d'avant en arrière, est assez
constante; jamais moindre de dix pouces,
et allant rarement jusqu'à vingt; l'espace compris dans ces limites est divisé
par un grand nombre de diaphragmes.
La chambre inférieure est le réceptable
du combustible, qui est placé sur le fond
du poêle, sans aucune grille; ce foyer a
une porte tournant sur des gonds, et
dans cette porte il y a une très-petite
ouverture à coulisse. Le toit du foyer
s'étend jusqu'à quelques pouces de l'extrémité, laissant pour la flamme un passage étroit. Le diaphragme suivant est
placé environ huit pouces plus haut,
et atteint presque à l'autre extrémité,
laissant un passage étroit pour la flamme.
Ces diaphragmes sont répétés au-dessus, à la distance de huit pouces, laissant, chacun d'eux, des passages aux
extrémités, disposés alternativement.
Le dernier de tous communique avec le
conduit pour l'issue de la fumée. Cette
communication peut être réglée par

une plaque en fer, susceptible de glis-
ser en travers, au moyen d'une tige ou
poignée de côté. La manière la plus ordinaire de fermer ce passage consiste
dans l'emploi d'une espèce de bassin en
terre cuite, qui est chargé et appuyé
par ses bords sur un canal rempli de
sable et qui entoure l'ouverture. Le
tout est fixé sur de courtes colonnes,
en sorte que le fond de l'appareil n'est
qu'à quelques pouces de distance du
sol de la chambre. Ordinairement on
le place dans un des coins, et les appartemens sont disposés de manière
que les cheminées peuvent être réunies
à l'extérieur en massifs de tuyaux join-
tifs.

D'abord on fait brûler un peu de
paille ou des menus copeaux à l'extrémité de l'appareil. Cela échauffe l'air
contenu dans le poêle et détermine un
courant. Alors on met le combustible
sur l'âtre, tout près de la porte, où on
l'empile. On allume, et le courant étant
déjà formé et dirigé vers le conduit, il
n'y a aucun danger que la fumée se ré-
pande dans l'appartement. Pour plus
de sûreté, d'ailleurs, on ferme la porte
du poêle et l'on ouvre la petite fenêtre;

l'air qui s'introduit par cet étroit passage, étant dirigé sur le milieu ou sur le pied de la masse de combustible, l'allume promptement et la combustion va son train.

Il est facile de voir l'intention de ce mode de construction. La flamme et l'air échauffé se trouvent retenus le plus long-tems possible dans le corps du poêle au moyen de tous ces longs passages, et l'étroitesse de ces passages oblige la flamme à se mettre en contact avec toutes les particules de suie, de manière à les consumer complétement, en sorte que tout le combustible est converti en matière de la chaleur. C'est tout le contraire dans nos cheminées, où une portion très-considérable du combustible est perdue, même dans les circonstances les plus favorables : la suie qui s'attache à nos conduits est très-inflammable, et une livre de cette suie donnera autant, si ce n'est plus, de chaleur qu'une livre du meilleur charbon, et ce qui s'en attache à ces conduits est très-considérable, en comparaison de ce qui s'échappe sans être consumé par le haut de la cheminée. Dans les feux de bois vert, de tourbe et de quelques espèces de charbon, il se perd près d'un cinquième de combustible de cette manière : mais dans les poêles bien construits, on aperçoit à peine aucune trace de suie, et le peu qu'on en voit n'est produit qu'après la cessation du feu. Les matières volatiles inflammables sont chassées, à la vérité, des parties les plus échauffées de nos cheminées ; mais elles ne sont pas encore assez échauffées elles-mêmes pour brûler, et quelques-unes d'entre elles, charbonnées ou à demi-brûlées, ne peuvent pas se consumer davantage, parce qu'elles se trouvent enveloppées de flamme et d'air déjà vicié et impropre à la combustion ; tandis que lorsqu'un poêle est convenablement chauffé et que le courant est bien animé, il n'échappe aucune partie de la suie à l'action de l'air.

L'air chaud, coërcé dans l'intérieur du poêle, se trouve appliqué à ses parois sur une surface très-étendue. Pour augmenter encore l'effet, on rétrécit le poêle de l'avant en arrière, dans sa partie supérieure ; il faut une certaine étendue dans le bas pour pouvoir y contenir le combustible ; mais si l'on conservait les mêmes dimensions jusque dans le haut, il se perdrait beaucoup de chaleur, parce que celle communiquée aux diaphragmes ne sert à rien. En diminuant leur largeur, la proportion relative de la partie utile du poêle est augmentée. Le corps entier du poêle peut être considéré comme un long tube roulé sur lui-même, et son effet serait le plus grand possible, si c'était là sa vraie forme, c'est-à-dire si chaque diaphragme était déchiré en deux, et qu'un libre passage fût laissé entre eux pour l'air contenu dans la chambre. On peut observer quelque chose de semblable à ceci dans quelques espèces de poêles d'Allemagne.

C'est dans cette vue d'application d'une surface chaude à l'air, que l'on s'abstient de construire le poêle dans la muraille, ou même en contact avec elle, pas plus qu'avec le plancher : par son isolement, l'air qui se trouve en contact avec sa partie postérieure et avec son fond (là où il est le plus chaud), s'échauffe et contribue, au moins pour moitié, à l'effet total ; car la grande chaleur du fond agit sur l'air de la chambre pour le moins autant que celle des deux extrémités. Quelquefois le poêle fait partie du mur de séparation de deux petits appartemens, et dans ce cas, il suffit à leur échauffement commun.

On doit observer, au surplus, que l'effet d'un poêle dépend beaucoup du soin qu'il faut avoir de conserver, dans l'appartement, l'air que ce même poêle a déjà échauffé. Ceci est tellement vrai qu'un petit feu ouvert, placé dans la même chambre, non-seulement ne contribuera pas à en élever la température, mais la diminuera beaucoup ; un tel feu pourra même enlever l'air chaud à une longue suite d'appartemens contigus.

Dans les hivers très-froids on est forcé d'augmenter l'effet des poêles en faisant ouvrir le foyer dans la partie postérieure du poêle. Sa bouche ou porte communique avec une ouverture de même dimension formée dans la muraille, et la porte est de l'autre côté dans une espèce d'antichambre. En Westphalie et dans d'autres endroits de l'Allemagne, tous les appartemens sont disposés autour d'une vaste pièce située au centre, et dans laquelle vont s'ouvrir tous les foyers; c'est là qu'on

alimente les poêles de combustible.
Il est évident qu'au moyen de cette
disposition, l'air de l'appartement, déjà
échauffé par le poêle, n'est pas en-
traîné ailleurs, et que l'appartement est
mieux chauffé. Mais cette méthode est
peu favorable à la santé et ne réjouit
pas les sens. Le même air, confiné et
continuellement respiré, chargé de
toutes sortes d'émanations nuisibles, ne
tarde pas à perdre les propriétés salubres
qui sont tant à désirer, et même si in-
dispensables.

La conduite d'un poêle est une chose
extrêmement importante sous le rapport de la chaleur qu'on en obtient et
de l'économie du combustible. Nous
consacrerons donc quelques lignes à la
description de la manière dont les grands
poêles sont chauffés dans le nord de
l'Europe.

Vers les huit heures du matin, le
Pietchnick, ou valet chargé du soin
des poêles, enlève le couvercle, ferme
le registre et ouvre la porte du foyer. Il
y met ensuite une poignée de menus
copeaux ou de paille, et l'allume. Cela
échauffe le poêle et le conduit, et fait
commencer un courant d'air. Il arrange

alors quelques gros copeaux sur la sole
du foyer, presque contre la porte; et
derrière ceci il place les bûches. Ensuite, il ajoute du bois en avant, jusqu'à ce qu'il y en ait assez dans le
poêle. Il met le feu aux copeaux, ferme
la porte et ouvre le petit regard qu'il y
a dans le bas de celle-ci. L'air porte la
flamme des copeaux sur les bûches
placées derrière et les allume. Elles se
consument lentement, tandis que les
bûches placées en avant restent intactes.
Le valet, ayant terminé sa première
tournée dans les appartemens, revient
au premier poêle, et ouvre la porte
pour faire entrer de l'air dans le tuyau.
Ceci a pour objet de fournir à son tirage qu'il faut ensuite modérer, parce
qu'il consumerait trop rapidement le
combustible. Alors les bûches placées
en avant commencent à brûler, d'a-
bord dans le fond, et le reste successivement, à mesure qu'elles tombent
sur les braises et s'approchent de la
petite ouverture de la porte. La chambre n'éprouve encore aucun effet du
feu, dont la chaleur n'a pas encore
gagné la surface extérieure du poêle;
mais une demi-heure après environ,

cette surface s'échauffe : on ferme la porte de nouveau pour éviter dorénavant toute déperdition de la chaleur. Le pietchnick ne tarde pas cependant à étendre les braises et les cendres chaudes sur toute l'étendue du fond du foyer, à l'aide d'un rateau, ce qui échauffe considérablement le fond du poêle, ainsi que l'air extérieur qui y touche ; car le poêle est porté sur de petites colonnes. Il a grand soin de ramener sur le haut des cendres le moindre morceau de bois ou de braise qui n'est pas encore consumé, afin de tirer parti de tout le combustible. Il fait tout cela avec beaucoup de promptitude, afin que la chambre n'ait pas le tems de perdre beaucoup de chaleur en tenant la porte du foyer ouverte. Lors de sa dernière visite, quand il ne voit plus de braise allumée, il ferme la porte du foyer et la petite ouverture, et tire le registre sur le passage supérieur. Tout cela est terminé environ une heure et demie après que le feu a été allumé. Toute espèce de courant d'air est maintenant interrompu dans l'intérieur du poêle, qui n'est plus alors qu'une grande masse de briques fortement échauffée dans cet intérieur , mais n'est guère qu'à la température du sang à l'extérieur. La chaleur s'étend par degrés et la surface extérieure du poêle acquiert sa plus haute température vers les trois heures de l'après-midi ; après quoi elle se refroidit peu à peu jusqu'au lendemain matin.

Il est rare que jamais cette chaleur, à son maximum, soit assez forte pour qu'on ne puisse pas approcher la joue du poêle. Il est , par conséquent , impossible que la poussière qui tombe dessus puisse se brûler, et on n'a pas le désagrément de l'odeur nauséabonde qui est inévitable quand on emploie les petits poêles en fonte qu'on échauffe considérablement.

Après avoir exposé succinctement , mais le plus clairement qu'il nous a été possible, les principes sur lesquels repose l'art de chauffer les appartemens au moyen des appareils connus généralement sous le nom de poêles , nous allons parler des modifications vraiment importantes de ces appareils. Nous en passerons sous silence un nombre bien considérable , parce que , malgré le prix que la plupart des auteurs ont semblé y attacher, et le faste de beaucoup d'annonces, nous ne voyons dans tant d'appareils si variés, que des changemens de formes assez insignifians en eux-mêmes, et qui, souvent, n'offrent rien de remarquable que sous le rapport des ornemens dont on les a surchargés, ou de la bizarrerie des conceptions.

Mais une application vraiment ingénieuse et utile du principe des poêles, et qui a eu une multitude d'imitateurs, c'est le chauffoir dit de Pennsylvanie, dû au célèbre Franklin.

Le plus grand obstacle qui se soit opposé, en France, à l'adoption générale de cet excellent appareil de chauffage, était la difficulté de faire fondre à bon marché, et d'une manière régulière, toutes les pièces dont il est composé : à cet égard on doit des remercîmens à feu Désarnod ; il s'en est occupé, et a rendu plus familier l'usage du chauffoir de Franklin, en le reproduisant avec quelques modifications assez peu essentielles d'ailleurs.

Nous donnons, *fig.* 1ʳᵉ et 7, un plan

et une élévation de l'appareil de chauffage que Désarnod a fait connaître, et
qui est devenu d'un usage presque uni-
versel, sous le nom de *foyer économi-*
que et salubre. C'est à peu de chose
près le chauffoir de Pennsylvanie de
Franklin. L'appareil de Désarnod n'en
diffère que parce qu'en outre du réservoir vertical à air, il a pratiqué un second réservoir horizontal, placé sous
l'âtre et destiné à augmenter la quantité d'air chaud répandu dans l'appartement. Il a, d'ailleurs, au moyen de quelques dispositions particulières, rendu le
montage et le démontage du chauffoir
beaucoup plus facile et plus prompt. Son
réservoir à air horizontal forme la base
de cette cheminée; il est placé dans une
boîte comprise entre les plaques A B et
C D. La première est posée sur des tas-
seaux en briques qui laissent à l'air extérieur un libre accès pour arriver par
un conduit établi sous le plancher. Cet
air circule sous la cheminée, et passe
ensuite par des ouvertures pratiquées
dans une plaque située entre celles A B
et C D : il suit plusieurs sinuosités $k\,l$,
$l\,k$, formées par des diaphragmes parallèles et verticaux au moyen de la-

mes en fonte ; après ce trajet il s'introduit entre deux autres plaques $x\,x$, formant un réservoir placé dans l'intérieur de ces cheminées, d'où il s'échappe, chaud, par deux ouvertures pratiquées latéralement et correspondantes au réservoir $x\,x$, pour se répartir dans plusieurs cylindres verticaux $y\,y\,y$, établis à l'extérieur, sur deux des côtés, et desquels il sort pour se répandre dans l'appartement par des bouches de chaleur garnies d'un couvercle à charnière qu'on peut ouvrir ou fermer à volonté.

Pour régler l'accès de l'air et en diriger à volonté un courant plus ou moins rapide sur le combustible, et pour produire en quelque sorte l'effet d'un soufflet, Désarnod a pratiqué deux plaques mobiles et glissant l'une sur l'autre dans des rainures : elles sont placées sur le devant de l'appareil, et on peut les hausser ou les abaisser au moyen d'une manivelle fixée à l'axe d'un cylindre sur lequel s'enroule une chaîne qui suspend les plaques mobiles. Celles-ci sont arrêtées à la hauteur voulue par une roue à rochet.

La fumée, comme dans le chauffoir

de Franklin, s'élève jusqu'à la plaque supérieure, passe derrière le réservoir vertical $x\,x$, et descend jusqu'à la base, où elle trouve, à droite et à gauche, deux ouvertures par lesquelles elles s'échappe en passant par deux tuyaux qui se réunissent avant d'arriver dans celui de la cheminée en maçonnerie.

Dans les expériences comparatives qui ont été faites, on a trouvé que 33 kilogrammes d'un combustible brûlé dans la cheminée de Désarnod, produisaient autant d'effet que 100 kilogrammes du même combustible brûlé dans un bonne cheminée ordinaire.

Guyton de Morveau s'est, un des premiers en France, occupé avec beaucoup de succès d'un appareil de chauffage dont nous nous abstiendrons de parler avec plus de détails, parce que les différens poêles dont nous nous occuperons ont reproduit, ensemble ou séparément, toutes les dispositions que ce poêle offrit à son apparition.

Cheminée et Poêle de Curaudeau.

Feu Curaudeau était un homme fort ingénieux et surtout très-laborieux. Il a consacré un long tems à la recherche d'améliorations dans les appareils de chauffage. Nous donnons, *fig.* 2, le dessin de la cheminée qu'il a fait exécuter : elle se compose d'un foyer A ; ce foyer se rétrécit vers la partie supérieure, pour conduire les produits de la combustion dans un fort tuyau de fonte B C. Arrivé là , le courant gazeux se divise en deux parties et parcourt ensuite successivement, de haut en bas, les divers conduits qui sont pratiqués , avant de parvenir au tuyau principal M. Le contact avec toutes ses surfaces métalliques échauffe considérablement l'air dans les espaces P, P, P, et cet air se répand dans la chambre par des bouches de chaleur.

Les expériences comparatives ont donné, pour la cheminée de Curaudeau , un résultat égal à celui qu'on obtient avec la cheminée de Désarnod.

Plus tard Curaudeau a proposé une modification à sa cheminée, consistant à séparer entièrement le foyer où se fait la combustion , du tuyau qui sert à concentrer la chaleur ; il prescrivait de donner aux parois du foyer l'incli-

naison la plus propre à renvoyer la
chaleur rayonnante et à diriger le gaz
dans un tuyau central. L'auteur se pro-
posait par là de porter dans le système
des tuyaux de tôle la facilité de l'em-
boîtement, et d'affecter une distribu-
tion propre à retenir toute la chaleur
et à la transmettre promptement. Enfin, il voulait conserver aux cheminées
leur forme ordinaire; à cet effet, l'auteur plaçait son appareil dans une autre
cheminée en maçonnerie derrière une
glace, après en avoir recouvert le par-
quet d'un tissu.

Curaudeau a aussi proposé des appareils de chauffage en forme de poêles.
Ceux-ci ont beaucoup de rapport avec
ses cheminées. La *fig.* 5 représente la
coupe d'un de ces poêles. A est la porte
du foyer. Les produits gazeux ou vapo-
reux de la combustion s'élèvent, des-
cendent ensuite, puis remontent en
circulant autour des chicanes qu'ils
trouvent sur leur passage; ce qui est
indiqué par les flèches tracées sur le
dessin. Ces produits se réunissent enfin
dans le tuyau M, tandis que l'air
échauffé par cette circulation, est répandu dans l'appartement en sortant

par les bouches de chaleur BB, CC.

Les expériences comparatives faites par le comité consultatif des arts, ont constaté qu'avec 20 kil. et demi d'un combustible, on obtenait avec le poêle de Curaudeau, un effet calorifique égal à celui produit par 100 kilog., du même combustible brûlé dans une cheminée ordinaire.

Cheminée et Poêle de M. Debret.

L'un et l'autre de ces appareils de calorification reposent sur la même idée.

La cheminée, que nous représentons, *fig.* 15, est construite en briques. Elle a beaucoup de rapport avec les cheminées à la suédoise ; mais ce qui s'y trouve de particulièrement avantageux, c'est qu'on peut l'établir en un seul jour, et qu'elle s'adapte facilement à toute espèce de cheminée déjà construite.

L'auteur veut qu'on incline d'abord la plaque de manière qu'une ligne tirée de son sommet, tombe à 6 ou 8 pouces de sa base, et qu'on élève de chaque côté, pour la soutenir, un petit massif en briques, qui vienne se terminer en mourant au sommet de la plaque : entre ces deux massifs, il place le foyer. On doit établir ensuite au-dessus de la plaque une voûte qui, s'élevant derrière le chambranle, bouche toute communication avec la cheminée. Sur les côtés du foyer, sont aussi deux couloirs, l'un antérieur et descendant, l'autre postérieur et ascendant, qui vient passer derrière la voûte et se terminer dans la cheminée ou dans le tuyau qui en fait l'office.

Le poêle pour lequel le même auteur avait pris un brevet d'invention, aujourd'hui expiré, est représenté *fig.* 17.

a, grille du foyer.

b, cendrier de 6 pouces de large et 9 pouces de profondeur. Il se ferme au moyen d'une porte que l'on ouvre plus ou moins, à volonté, d'après la quantité d'air que l'on a dessein d'introduire sous la grille pour donner de l'activité au feu.

c, espèce d'entonnoir renversé, placé au-dessus du foyer, et recevant directement la chaleur, pour la transmettre dans le tuyau rond ou carré *d*, ajusté à sa partie supérieure, et s'élevant à 3 ou

4 pieds, et même plus, au-dessus du poêle.

Le tuyau *d*, faisant l'office de cheminée, conduit la fumée dans une boule ou sphère creuse *e*, d'où elle descend ensuite dans un cylindre creux *f*, de 9 pouces de diamètre, et de là dans le réservoir *g*. Ensuite la fumée s'introduit dans un autre réservoir inférieur *h*, par les quatre ouvertures rectangulaires *i*, où elle trouve enfin son issue audehors par le tuyau *j k*, qui est une espèce de plancher du cendrier, servant en même tems de fond au réservoir *h*.

l, second plancher, au niveau de la grille *a*, qu'il supporte, en même tems qu'il sert de fond au réservoir *g*; c'est sur ce plancher que sont pratiquées les quatre ouvertures *i*, par où la chaleur pénètre dans le réservoir *h*.

m, tablette ou dessus de poêle, percée dans son milieu d'un trou de 9 pouces de diamètre, pour recevoir la partie inférieure du tuyau *f*.

Après avoir placé le bois sur les charbons allumés disposés sur la grille, on ferme le foyer hermétiquement, au moyen d'une porte, et l'air nécessaire pour alimenter la combustion n'a d'ac-

cès sur la grille que par l'ouverture du
cendrier.

Ce poêle a eu beaucoup de vogue il y
a quelques années.

Des Poêles de M. Thilorier.

M. Thilorier a attribué l'épithète de
fumivore aux appareils de chauffage
qu'il a proposés. Il faut convenir que,
malgré quelques légères imperfections
qu'on a cru devoir signaler dans ces
constructions, ce sont peut-être les
plus ingénieuses qui, dans ce genre,
aient été imaginées en France.

L'objet principal que l'auteur a eu en
vue, est la destruction de la fumée, et
la mise à profit, comme moyen de calorification, de cette espèce de combustible ordinairement perdue. Le procédé
de M. Thilorier consiste à soustraire
d'abord le combustible au contact de la
flamme, mais à l'échauffer néanmoins
jusqu'au point de faire éprouver aux
substances volatiles qu'il contient, une
sorte de distillation. Ces matières inflammables, composées principalement
d'hydrogène plus ou moins carboné,
et de protoxyde de carbone, sont aspi-

rées par un fourneau qui contient un combustible en ignition : la fumée s'enflamme en le traversant. Le produit de cette inflammation est composé d'eau, d'acide carbonique, d'azote, et ce n'est plus en un mot qu'une substance aériforme sans odeur et sans couleur, qui n'est ni désagréable à la vue et à l'odorat, ni nuisible à l'ameublement.

La combustion de la fumée contribue à élever la température du fourneau ; la distillation du combustible s'accélère et se continue sans interruption, jusqu'à ce que le combustible, si c'est du bois, soit réduit à l'état de charbon parfait, ou de coke, si le combustible est de la houille.

Fig. 4 et 12, nous avons représenté en coupe le premier appareil de M. Thilorier, sur lequel on brûle à volonté du bois, de la houille, ou de la tourbe, sans qu'il en résulte ni odeur, ni fumée visible.

a, corps du poêle en faïence ou en terre cuite, de forme cylindrique ; il est ouvert par le haut, et terminé, à sa partie inférieure, par un frustum de cône creux *b* en forme d'entonnoir.

c, grille à larges barreaux posée sur la base supérieure du frustum de cône.

d, autre grille à barreaux serrés, placée à la base inférieure du frustum de cône.

e, petite ouverture par où l'on peut fourgonner; on la bouche, soit avec de la terre, soit avec une porte en tôle.

f, tuyau ajusté à la base inférieure du frustum de cône; sa partie inférieure est fermée par un bouchon *g*, à recouvrement, semblable au couvercle d'une tabatière, et qui sert en même tems de cendrier.

h, tuyau horizontal, fixé à celui *f*, et portant à son extrémité un tuyau vertical *i*, que l'on peut considérer comme le tuyau du poêle; il est fermé par le bas avec un bouchon *k*, pareil à celui *g*, du tuyau *f*.

Quand il s'agit d'allumer le poêle, l'on met de la braise sur la grille inférieure *d*, et on la recouvre avec du charbon froid; il faut en même tems mettre dans le bouchon *k* une feuille de papier que l'on allume à l'instant où on met le bouchon : cela a pour objet de raréfier l'air qui est dans le tuyau de la cheminée, afin d'établir le courant nécessaire à la combustion. On ne tarde pas, après ces dispositions faites, à entendre pétiller le charbon, et, comme il brûle à flamme renversée, il ne répand aucune odeur désagréable dans l'appartement.

A mesure que le feu gagne le charbon de la partie supérieure, on en remet de nouveau jusqu'à ce que l'entonnoir b en soit plein; alors on place la grille supérieure c, on met par-dessus une boîte de tôle l, ouverte par le haut, et qui laisse quelques centimètres de distance entre elle et les parois intérieures du corps du poêle : on la remplit de morceaux de bois sec coupés à la hauteur du poêle. Dès que ce bois commence à répandre des vapeurs, on ferme le haut du poêle avec un couvercle en tôle m, dont le rebord entre dans une gorge remplie de sablon, pratiquée sur le pourtour supérieur du corps du poêle.

Le couvercle m étant en place, on ouvre une porte latérale n, qui sert à alimenter la combustion et par laquelle on renouvelle le combustible quand il en est besoin.

Le bois renfermé dans la boîte l se

carbonise parfaitement, et fournit du charbon au-delà de ce qu'il en faut pour recommencer une nouvelle carbonisation ; d'où il résulte qu'indépendamment de la chaleur nécessaire pour chauffer un appartement, que ce poêle procure, on retire encore du bois employé à cet effet, une quantité de charbon que l'on peut considérer comme en bénéfice.

Nous donnons un de ces poêles de forme d'autel antique, supporté par un trépied dont la partie inférieure soutient un candelabre tronqué.

La *fig.* 18 représente un poêle ordinaire en faïence, dans lequel M. Thilorier propose, pour éviter la dépense d'un nouveau poêle, de placer à l'intérieur un appareil dont voici l'explication.

a, boîte en tôle où l'on met le bois qu'on veut carboniser.

b, boîte au charbon, ou trémie.

c, grille sur laquelle tombe le charbon à mesure qu'il s'en consume.

d, porte du poêle.

e, foyer dans lequel on met le bois ou la braise pour allumer le poêle.

f, passage par où circule la flamme autour de la boîte *a*.

g, tuyau d'aspiration.

h h, gouttières remplies de sable, pratiquées tout autour du poêle pour recevoir les bords du couvercle *i*.

Le dessus *k* du poêle étant enlevé, on ajuste dans l'intérieur, et à demeure, la boîte de tôle ou de fonte décrite ci-dessus, laquelle a la même forme que le poêle, et descend jusqu'à la porte du fourneau.

Cette boîte est divisée en deux parties *a* et *b*, formées par une cloison paraîlèle à la porte du fourneau.

La partie *b*, placée du côté de la porte, est à jour par le bas, et termi-née par une grille suspendue, qui se prolonge à un décimètre de distance environ sous la partie *a*. Cette portion de la boîte est une trémie qui fournit sans cesse un nouveau charbon, à me-sure que celui qui est tombé sur ce gril se consume.

La seconde partie *a* de la boîte est destinée au bois que l'on veut carbo-niser.

Le fourneau est construit de manière que la flamme puisse circuler autour de la boîte avant de s'échapper par le tuyau d'aspiration en *g*, lequel est disposé comme celui du poêle précédent.

Il en est de même du couvercle de tôle *i*, que l'on recouvre, si l'on veut, avec la table de marbre ou de faïence *k*, qui recouvrait précédemment le poêle.

Dans un poêle de ce genre, la fumée passe à travers le charbon froid qui remplit la trémie, et elle ne prend feu que lorsqu'elle est descendue au niveau de la porte.

Pour diminuer, ou même éteindre le feu à volonté, on se sert d'une clé ordinaire placée dans le tuyau, et à moins que l'extinction ne soit très-brusque, aucune fumée ne se répand dans l'appartement.

De la Cheminée dite Calorifère.

Fig. 5, 6, 8 et 9, nous représentons une cheminée à laquelle, plutôt qu'à toute autre, on a cru devoir donner, on ne sait pourquoi, le nom de calorifère. Quoi qu'il en soit du nom, cette cheminée est un très-bon appareil de chauffage.

Cet appareil se compose, 1° (Voyez *fig*. 8) d'un réservoir à air *a a*, pratiqué sous le foyer qui reçoit l'air extérieur par le conduit *b* ; 2° (*fig*. 9) d'une plaque en fonte *x*, qui recouvre le réservoir à air froid *a a* ; de deux grands espaces vides *g g*, situés latéralement au foyer, et dans lesquels s'élèvent deux tuyaux en métal mince *b i*, dont l'ouverture inférieure communique avec le réservoir d'air froid, et qui se croisent en dessous de la tablette de la cheminée, en traversant la partie supérieure du foyer. Au moyen de cette disposition, l'air que ces tuyaux contiennent s'échauffe, et la dilatation dans cette partie détermine un courant de bas en haut, qui fait verser dans l'appartement l'air échauffé par les deux autres extrémités *k k*, formant bouches de chaleur. Ainsi l'air nécessaire à la combustion et à la respiration est amené chaud dans l'appartement ; 5° (*fig*. 5) d'une plaque *d*, mobile sur une charnière, et qui a pour objet principal d'animer ou de modérer la combustion en donnant plus ou moins d'ouverture au passage de la fumée, qui se rend dans le canal *c*. Cette plaque étant fermée entièrement, suivant la position 1, *d* peut servir à conserver la chaleur de l'appartement lorsque le feu est éteint, ou à intercepter tout courant d'air dans l'intérieur du tuyau de la cheminée, en cas d'incendie. Lorsque cette plaque est entièrement ouverte, elle occupe la position 1, 2.

Les lettres *i i* indiquent l'emplacement des deux tuyaux tracés sur la figure et désignés par les lettres.

La *fig.* 6 représente l'élévation de face de la cheminée.

Cheminée anglaise perfectionnée de MM. Atkins et Marriatt.

On trouve dans le *Repertory of Patent inventions*, de janvier 1826, la description d'une cheminée proposée par deux anglais, et à laquelle nous croyons devoir donner place ici.

Les auteurs se sont proposé de brûler la fumée qui se dégage des foyers, au moyen d'une caisse ou réservoir rectangulaire qu'on y fixe. La forme la plus convenable, disent-ils, pour ce réservoir à charbon de terre, se voit *fig*. 14. On y a représenté l'élévation d'un foyer ou fourneau à registre. La *fig*. 13 offre la coupe du même appareil. Le fond de cette caisse à charbon doit s'incliner en avant sous un angle très-obtus, et communiquer avec le foyer par un orifice A, à travers la plaque de derrière. Ce même réservoir peut se fermer dans sa partie supérieure, soit par une porte à coulisse ou à charnière, ou par une porte circulaire tournant sur son centre, comme on le voit en B. Cette porte peut être attachée à l'intérieur ou à l'extérieur de la plaque postérieure du foyer. On fait à travers cette dernière plaque une ouverture demi-circulaire, d'un diamètre un peu moindre que celui de la porte ; celle-ci peut tourner aisément sur son axe au moyen d'une clé, et doit être ajustée de manière à fermer presque hermétiquement le réservoir.

On peut encore fixer le réservoir à charbon, au foyer, par d'autres moyens.

Les auteurs supposent, par exemple, qu'il faille alimenter de combustible une grille ou un foyer quelconque, munis de leur réservoir à charbon ; dans

ce cas, au lieu de jeter la houille à la
manière ordinaire au-dessus du feu, il
faut la jeter derrière, dans le réservoir
à charbon, et fermer immédiatement
la porte ou le couvercle ; aussitôt que
le charbon qu'on vient de jeter arrivera
au fond du réservoir et se trouvera en
contact avec le combustible enflammé,
il se dégagera une fumée dense et noire ;
mais cette fumée ne pouvant s'échapper par la porte supérieure du réservoir, est forcée de passer à travers les
matières en combustion à la partie inférieure du foyer, avant d'arriver au
tuyau de la cheminée et de s'y élever.
Elle s'y brûle complétement.

Des Poêles à tuyaux renversés.

On voit aujourd'hui dans beaucoup
d'appartemens, et principalement dans
les salles de cafés, foyers des spectacles
et autres lieux publics, des poêles
qu'on place au milieu d'une pièce, et
dont les conduits qui évacuent la fumée
sont recourbés afin de la faire passer
sous le carrelage et de lui faire gagner le
tuyau de la cheminée, de sorte qu'il n'y
a aucune apparence de tuyaux.

Cette disposition particulière ne doit pas étonner, si l'on se rappelle que le tirage d'une cheminée quelconque ne dépend absolument que de la différence de hauteur entre le point où l'air s'introduit dans le foyer et celui où il sort de la cheminée, et de la différence de température.

Voici la disposition de ces poêles : l'intérieur se trouve partagé en deux parties. La première *g* (*fig.* 16) est le foyer; la seconde *h*, est un conduit destiné au passage de la fumée. Ces deux parties sont séparées par un diaphragme qui s'élève du fond jusqu'à trois ou quatre pouces de la partie supérieure du poêle. Au-dessous du sol est un autre conduit horizontal communiquant à celui *h*, et qui aboutit au tuyau de la cheminée. La fumée, après avoir frappé la partie supérieure du poêle, redescend dans le conduit *h* et se rend dans le canal *f*, et de là dans le tuyau de la cheminée. *a b* est la porte par laquelle est introduit le combustible, et qui a un soupirail *b* à sa partie inférieure, pour laisser passer l'air nécessaire à la combustion, et que l'on doit toujours faire arriver en - dessous du combustible.

On pouvait s'attendre que nous parlerions ici des grands calorifères, appareils très-propres, dans de certains cas, à procurer avec économie et d'une manière constante et régulière, la température que l'on désire. Mais comme tous ces avantages ne peuvent s'obtenir que sur une grande échelle, et qu'à l'exception des salles de spectacle, que nous n'avons pas embrassées dans notre sujet, nous pensons que le système des grands calorifères ne doit être appliqué qu'au chauffage des ateliers divers, nous renvoyons ce que nous avons à dire de leur construction, à notre Traité des fourneaux d'usines et de chauffage, et ventilation des manufactures.

Nous terminerons donc ce chapitre, pour ne rien omettre, par une revue de quelques appareils dans lesquels nous n'avons rien aperçu qui ait nécessité d'en donner une description avec figures.

1° *Cheminées* dites *Parisiennes* de M. Lhomond.

« Le comité des arts mécaniques de la Société a reconnu que la cheminée que présente M. Lhomond pour remplacer, sans déposer leur chambranle, celles qui existent maintenant, de quelques dimensions qu'elles soient, peut s'opérer facilement en trois heures, parce que tous les matériaux nécessaires à la construction se trouvant disposés d'avance, on n'a plus qu'à les mettre en place.

» Cette cheminée se compose d'un contre-cœur et de deux côtés bâtis en briques de champ réunies par du plâtre. Celles du contre-cœur sont surmontées par des briques debout, presque mobiles, parce qu'elles ne sont jointes ensemble que par très-peu de plâtre, et que le moindre effort les déplace : elles se trouvent inclinées en devant et soutenues par une barre de fer pour rétrécir le passage de la fumée. Lorsqu'on veut ramoner la cheminée, ces briques et la barre qui les soutient s'enlèvent facilement, et le ramoneur trouve une ouverture suffisante pour passer. Un châssis de fer, garni de deux plaques de tôle, de 18 à 20 pouces de hauteur et de 16 pouces de large, placé à 8 pouces en avant du contre-cœur, et appuyé sur les côtés, forme le complément du foyer ; trois planches de stuc taillées en trapèze, appliquées à la naissance intérieure du chambranle dans son pourtour, viennent s'appuyer sur le châssis, et forment des angles peu inclinés qui permettent la réflexion de la chaleur dans l'appartement. M. Lhomond a, comme *Désarnod*, employé un registre vertical pour ouvrir à moitié, au quart, ou fermer à volonté l'orifice du foyer, et donner par-là au volume d'air qu'on veut y faire entrer, toute l'activité qu'on désire. Les plaques qui remplissent le châssis sont en tôle au lieu de fonte, et la crémaillère de M. *Désarnod* est remplacée par deux contre-poids cachés sous les planches de stuc. Le moindre effort suffit pour lever ou baisser les plaques qui gisent l'une sur l'autre. L'auteur a placé à la base du foyer, de chaque côté du châssis, une plaque de tôle arrondie à son extrémité supérieure, pour éviter la dégradation du stuc. Cette cheminée ne coûte, toute posée, que de 5o à 8o fr., suivant sa dimension. » (*Rapport fait à la So-*

ciété d'encouragement, dans la séance du 5 janvier 1825.)

2°. *Cheminée avec carreaux de verre.*

« Afin de supprimer le courant d'air qui enlève une si grande partie de la chaleur d'un appartement chauffé par un foyer de cheminée, et de mettre l'appartement à l'abri de la fumée, en conservant la vue du feu, M. Arnold, médecin anglais, a fait fermer sa cheminée en plaçant sur le devant un châssis en fer garni de carreaux de verre semblables à ceux que l'on met aux fenêtres, et ajustés de manière à intercepter toute communication de l'air de l'appartement avec le foyer. L'air nécessaire à la combustion entre par un conduit qui vient aboutir sur le devant du combustible, et dont on règle l'ouverture au moyen d'une soupape, pour accélérer ou ralentir la combustion.

» Ce châssis en fer doit être établi de manière qu'une partie puisse s'ouvrir afin d'avoir la faculté de placer le combustible dans le foyer, d'arranger le feu, etc. À cet effet, un ou plusieurs carreaux peuvent être à charnières, ou bien on compose le châssis de deux parties, dont l'une est glissante, et se lève ou se baisse à volonté, à l'aide d'un mécanisme semblable à celui adapté aux cheminées à la Désarnod.

» Il faut avoir attention à ce que le châssis soit assez éloigné du feu pour qu'une chaleur trop subite ne fasse pas éclater les vitres, ou que la chute des tisons ne les brise pas. Afin d'éviter ce dernier inconvénient, il convient de placer devant les carreaux, du côté du feu, un treillage en fil de fer ou de laiton à grosses mailles.

» Les carreaux de verre du châssis apportent bien quelque obstacle au passage du calorique rayonnant ; mais ce désavantage est amplement compensé par la conservation de la chaleur produite dans l'appartement. » (*Journal des connaissances usuelles,* mars 1827.)

3°. *Poêle en fonte de fer, à circulation d'air chaud.*

« M. Fortier est l'inventeur de ce nouveau poêle, qui est d'une forme ronde. Il est formé, à l'extérieur, de deux corps superposés, d'un socle, d'un laboratoire en trois pièces, d'un couvercle et d'une porte de foyer avec un registre demi-circulaire pour régler l'entrée de l'air. L'intérieur se compose de deux plaques de fonte du diamètre du poêle, munies chacune d'une double gorge au pourtour, dans laquelle s'enchâssent les pièces du laboratoire et du socle. L'une de ses plaques forme la base du foyer; l'autre, la partie supérieure. Deux contre-plaques, posées verticalement, et distantes entre elles de 6 pouces, complètent le foyer qui a 7 pouces de hauteur, 6 pouces de largeur et 15 pouces de profondeur. Aux deux principales plaques horizontales sont pratiquées des ouvertures par lesquelles passe l'air pris sous le poêle, et qui s'échauffe le long des parois du foyer, sans communiquer avec l'intérieur de celui-ci. Une espèce de coffre sans fond, ou cylindre creux, plus étroit de 3 pouces que le diamètre du poêle, pose dans des rainures sur la plaque supérieure du foyer. Ce coffre laisse, entre lui et le corps du poêle, un espace vide de près de 2 pouces : c'est cet espace que parcourt en totalité la fumée, au moyen de petites cloisons enchâssées dans des rainures qui la forcent à suivre la route qui lui est tracée, pour sortir ensuite près de l'extrémité supérieure où se trouve un tuyau de côté qui lui donne issue. Ce poêle, comme on voit, n'a pas besoin de cercles pour maintenir les pièces qui le composent. Chacune d'elles entre dans des rainures qui la fixent solidement; à peine a-t-on besoin de terre argileuse pour remplir les interstices : aussi peut-on le monter et le démonter facilement, ce qui convient bien aux ménages sujets à changer souvent de logement. » (*Rapport fait à la société d'encouragement*, année 1826.)

CHAPITRE II.

DES FOURNEAUX ET APPAREILS DIVERS POUR LA CUISSON DES ALIMENS.

Poéle-Cuisine de M. J.-B. Bérard.

Nous emprunterons à l'auteur de cet appareil d'économie domestique la description qu'il en a donnée dans un mémoire sur le chauffage qui a été publié par ordre du Ministre de l'intérieur.

Le poêle, proprement dit, est un parallélipipède porté sur quatre pieds. La capacité est divisée en deux étages d'inégale hauteur, par un diaphragme horizontal : l'étage inférieur est destiné à tenir lieu de four, le supérieur est occupé en partie par le foyer, et en partie par deux caisses moins hautes que cet étage ; les faces latérales du poêle sont fermées par deux portes qui bouchent les entrées du four inférieur et des deux caisses qui servent aussi de four. La façade du poêle reçoit, dans son milieu, une ou deux portes, pour fermer l'ouverture du foyer; en dessous de ces portes est une petite tablette horizontale. La face horizontale et supérieure du poêle est percée de deux trous, destinés à recevoir des casseroles ou des marmites. La face verticale du derrière du poêle est percée, près de ses angles supérieurs, de deux trous, où sont adaptés deux tuyaux de fumée qui en reçoivent deux autres coudés à angle droit, lesquels sont réunis par un troisième; du milieu de ce dernier, s'élève un tuyau vertical qui, après avoir formé un angle droit, aboutit à la cheminée. Reprenons séparément chacune des parties de l'ensemble.

1°. AA, BB, CC, DD, (*fig.* 11) est un parallélipipède dont l'arête AA, longueur du poêle, est de 63 centimètres; l'arête A B, sa hauteur, de 45 centimètres; l'arête A C, sa profondeur, de 30 centimètres. Les fonds supérieurs et inférieurs ont, sur tout le tour, un rebord ou une saillie qui excède le parallélipipède de 1 1/2 centimètre. C'est sur ces rebords des faces horizontales qu'ont été clouées les deux faces verticales du devant et du derrière, et la partie supérieure des faces latérales qui, à cet effet, ont été reployées à angles droits.

2°. E E (*fig.* 10) est un plan horizontal ou cloison, qui partage le parallélipipède en deux étages, dont l'inférieur, destiné à usage de four, a une hauteur A E de 8 centimètres. Cette cloison a été reployée à angle droit pour être clouée sur les faces de devant et de derrière, et elle porte sur ses côtés un rebord vertical E F de 4 centimètres.

3°. Au-dessous de la cloison E E, sont deux portes MM, PP et NN, qui ferment l'entrée du foyer, dont la largeur M M ou N N est de 19 centimètres, et la hauteur M P ou N P de 12 $\frac{1}{2}$. La façade du poêle porte intérieurement, autour de l'ouverture des deux portes, un rebord ou battée, qui sert à la fois à la renforcer et à recevoir ces portes. Les rebords verticaux ont une largeur de 1 centimètre, et les deux horizontaux de 2 centimètres. La porte supérieure porte aussi un rebord pour recevoir l'inférieure. Celle-ci est percée en

bas de deux yeux ou trous de 3 centimètres de diamètre, qui forment deux
soupiraux qu'on ferme à volonté, au
moyen d'une clé ou manivelle commune
aisée à concevoir. Enfin, ajoutons que
les deux portes sont l'une et l'autre distantes de 10 centimètres des fonds supérieurs et inférieurs du poêle.

4°. Sur chacune des deux faces latérales du poêle, est une porte qui occupe toute la largeur de cette face, et
dont la hauteur A I est de 36 centimètres; par chacune de ces portes on a
introduit dans l'intérieur du poêle, une
caisse prismatique F H G I, dont la
profondeur F H est de 22 centimètres.
La hauteur F I de 22, et la largeur de
28 centimètres : ces caisses ont, tout
autour, un rebord de 1 centimètre de
large pour s'appliquer, d'une part, contre deux règles verticales qui renforcent
les arêtes A I, et, d'autre part, contre
le rebord E F de la cloison, ainsi que
contre un autre petit rebord que portent les faces latérales I B, B I, qui, à
cet effet, ont été reployées deux fois à
angles droits. Dans cette position, les
caisses sont comme suspendues et iso-
lées dans la capacité du poêle, en sorte

qu'il y a en dessous un vide de 4 centimètres, dans lequel s'introduisent des charbons et des cendres; en dessus un vide de 10 1/2 centimètres destiné aux casseroles ; et latéralement entre les caisses et le devant ou le derrière du poêle, un autre vide de 2/3 centimètres, où peut circuler la flamme. Enfin, l'intervalle des deux caisses, qui forme proprement le foyer, est de 18 centimètres. Ajoutons encore que pour faciliter l'entrée du bois par les trous à casseroles, l'arête supérieure G a été retranchée par un plan incliné de 45 degrés, qui ajoute à la caisse une nouvelle face de 4 centimètres de largeur.

Z, est la tête d'une petite barre qui traverse les grandes faces verticales du poêle et les faces parallèles des caisses, afin de les assujétir fixement. Cette barre, qui reçoit à son autre extrémité un écrou, se retire à volonté, quand on veut enlever les caisses pour les réparer.

S, est un trou de 3 centimètres de diamètre, percé dans la face de la caisse la plus voisine de la façade du poêle. Ce trou, qui se ferme à volonté par une plaque qui tourne sur un pivot, sert à évacuer dans le foyer les vapeurs des alimens qui cuisent dans la caisse, et on peut l'appeler *trou aspirateur*, parce qu'en effet le foyer aspire fortement, par ce trou, l'air de la caisse, lorsque sa porte est fermée.

5°. Le fond supérieur BB DD du poêle est percé de deux trous de 24 centimètres de diamètre, et séparés par un intervalle de 4 centimètres. Ces deux trous, qui reçoivent les casserolles, sont doublés en dessous par un anneau plan ou couronne circulaire qui forme, pour l'un des deux trous, un rebord de un demi-centimètre. Ces rebords ou retraites servent à recevoir des couvercles circulaires et plans, qui sont formés de deux cercles découpés pour faire les trous. Ces deux couvercles portent une anse ou poignée.

6°. TT, sont les ouvertures des tuyaux de fumée. Ces trous dont le diamètre, ainsi que celui des tuyaux, est de 11 centimètres, sont éloignés de 3 centimètres des faces latérales du poêle. De ces trous partent deux tuyaux horizontaux de 12 centimètres de long, qui se rejoignent par un troisième, du milieu duquel s'élève la branche verticale.

Enfin, les tuyaux de fumée sont prolongés dans l'intérieur du poéle de 8 à 10 centimètres, pour obliger la flamme et la fumée de passer près du centre des trous à casserolles avant de gagner l'entrée de ces mêmes tuyaux.

K, est un axe vertical passant à travers le tuyau horizontal, recevant un écrou par un bout, ayant la forme d'une clé par l'autre bout K, et portant un cercle ou disque qui, suivant sa position, ferme à volonté l'ouverture du tuyau, et intercepte le courant d'air.

7°. En dessous de la porte M M de la façade du poéle, est une tablette horizontale de 35 centimètres de long sur 20 centimètres de large; elle est portée par deux crochets qui entrent dans deux pitons fixés au poéle. Deux ailes latérales et verticales, en forme d'arcs-boutans, servent à la rendre plus solide. Il règne dans son pourtour un rebord ou couronnement de 3 centimètres de hauteur, lequel n'empêche pas la porte de s'ouvrir entièrement.

8°. Le poêle est porté sur quatre pieds YY de 22 centimètres de hauteur : l'un de ces pieds est plus court de 2 centimètres, et reçoit une vis qui, en s'allongeant, va atteindre le plancher, quelque inégal qu'il puisse être. Par ce petit mécanisme très-simple, on procure une stabilité constante à l'appareil.

9°. Le poêle est fait avec de la tôle de trois espèces : la première de 1 millimètre environ d'épaisseur, pour les parties de la carcasse qui doivent avoir de la solidité et de la durée; savoir : le dessus, le devant, le derrière et la cloison qui reçoit les cendres; la seconde de un demi millimètre pour les parties qui souffrent moins; comme le fond inférieur, les portes latérales et la tablette; la troisième de un tiers de millimètre d'épaisseur, pour les parois des caisses qui sont susceptibles d'être aisément réparées, et qui ont besoin de transmettre facilement le calorique dans leur capacité.

Malgré la grande étendue de cette description, nous n'avons pas hésité à la transcrire dans son entier, parce que nous considérons à juste titre le poêle-cuisine de M. Bérard comme l'appareil qui offre le plus de facilité et d'économie, principalement pour les petits ménages, et qu'il est bien à désirer que chacun, dans les provinces surtout, aidé d'une description complète, puisse le faire exécuter, ce qui sera très-facile, même aux ouvriers les moins exercés.

Voici l'usage de cet appareil et les avantages nombreux et décidés qu'il offre incontestablement!

1°. Lorsqu'on a introduit deux ou trois morceaux de bois dans le foyer par l'une ou l'autre des deux ouvertures du fond supérieur du poêle, et qu'on y a mis le feu, on voit bientôt la combustion s'accélérer par l'effet du courant rapide qui s'établit au soupirail; la flamme et la fumée se séparent en deux, enveloppant les caisses et gagnant les tuyaux de la fumée; les caisses sont alors plongées dans une atmosphère embrasée qui lance le calorique par leur cinq faces, dans leur capacité. Si alors les deux trous supérieurs sont fermés par deux casseroles; si l'on a placé dans les caisses deux plats rectangulaires pleins d'alimens quelconques, et sur le tableau de devant un pot, on a la satisfaction de voir cuire, à la fois, tous ces cinq mets. Lorsque deux seront arrivés à une parfaite cuisson, on

pourra les insinuer dans le four inférieur et les remplacer par de nouveaux
mets ; on aura alors sept plats cuisant à
la fois et par un feu modéré.

2°. La chaleur est si forte dans les
caisses, que pour empêcher que la
partie la plus voisine du foyer ne brûle,
il faut appliquer en cet endroit un rec-
tangle incliné, de tôle, qui serve d'écran
à cette face dans la moitié de sa hauteur. Au moyen de cette précaution, la
pâtisserie, la viande, etc., etc., y cuisent également et plus promptement que
dans les fours ordinaires.

3°. Le four inférieur sert très-bien,
non-seulement pour y entretenir chaud,
mais encore pour faire prendre croûte
en-dessus, aux mets qu'on y place dans
ce dessein sous le foyer.

4°. La tablette sert aussi très-bien
pour faire cuir un rôti, lorsqu'on ouvre
la porte inférieure du foyer, ou bien à
faire le café, etc., etc.

5°. Les caisses, tant que les portes en
sont fermées, ne laissent échapper aucune odeur, surtout si l'on a eu l'attention d'ouvrir les trous aspirateurs
par lesquels les vapeurs sont aspirées
dans le foyer aussitôt que formées.

6°. Lorsqu'on veut ajouter du bois par l'un ou l'autre des deux trous à casseroles, la flamme et la fumée se dirigent du côté qui n'est pas ouvert, et il n'entre aucune fumée dans l'appartement, avantage qui n'a lieu dans aucun des poêles percés d'une seule ouverture par-dessus.

7°. Si l'on veut transformer le poêle en une cheminée, il ne faut pour cela qu'ouvrir la porte inférieure du foyer, ou même toutes deux; on a alors le plus possible de chaleur dans l'appartement, mais moins dans les caisses. Ce qu'il y a de remarquable dans ce cas, c'est qu'il ne sort aucune fumée par les portes; cela vient de ce que les contre-courans qui produisent ordinairement les tourbillons de fumée à l'ouverture des tuyaux, sont empêchés par les caisses de ramener la fumée jusqu'aux portes. Si, au lieu de deux tuyaux, on n'en avait qu'un placé au milieu et vis-à-vis le foyer, on perdrait cet avantage, sans compter que les casseroles seraient bien moins chauffées.

8°. Quand on veut concentrer la chaleur dans un des côtés du poêle pour y accélérer la cuisson, on n'a qu'à tourner la clé du côté opposé.

9°. Lorsque le poêle n'est pas occupé à cuire dans les caisses, il faut avoir soin d'ouvrir et de renverser sur le derrière les portes latérales : la chaleur se répandra sans obstacle dans l'appartement, et il y aura moins de perte de calorique.

10°. Au moyen d'une cloison de tôle que l'on place au milieu de la hauteur des caisses, on se procure à volonté un étage de plus, qui sert à placer d'autres mets.

11°. Si l'emploi des tuyaux à fumée semblait embarrassant, soit à cause du coup d'œil, soit pour tout autre motif, on pourrait les diriger sous le plancher pour les ramener ensuite dans le tuyau de la cheminée. Le poêle ressemblerait alors, sous ce rapport, à la cheminée de Franklin, et conserverait néanmoins tous les avantages qu'il a sur elle.

Il serait possible, au lieu de réunir les deux tuyaux en un seul, de les diriger séparément chacun vers le tuyau de la cheminée.

Si au lieu de bois on voulait brûler

.e la houille, il n'y aurait qu'à placer une grille au fond du foyer.

Fourneau, dit *Potager*, ou *Pot-au-feu*.

Ce fourneau, légèrement modifié par M. Harel, est tellement connu et d'un usage si général, que nous croirions superflu d'en étendre beaucoup la description. Il est ordinairement fait en terre cuite. On peut aussi l'armer d'une enveloppe cylindrique en tôle, en remplissant de plâtre, gâché serré avec de la terre, l'espace compris entre l'intérieur du fourneau et cette enveloppe. Cette disposition le garantit du danger des chocs accidentels, et contribue à un meilleur chauffage.

Le fourneau est muni d'un cendrier dont l'ouverture peut se fermer, en tout ou partie, par une porte en terre cuite.

À la partie inférieure du foyer, il y a une saillie circulaire qui soutient une grille en terre, ou mieux, en tôle percée de trous. On peut remplacer la porte du foyer par une cafetière en fer-blanc, dont la partie antérieure pré-

sente la même forme que cette porte.
C'est un moyen de chauffer économi-
quement et promptement un liquide.

Le haut du fourneau est ouvert en
entier. On ferme cette ouverture d'un
couvercle en terre qui, étant fixé dans
des rainures, prévient la sortie de la
fumée. On substitue à ce couvercle une
capsule en tôle, lorsque l'on veut faire
chauffer des fers à repasser ou établir
un bain de sable. A la place de cette
capsule, on met une marmite portant
sur le milieu de sa surface extérieure
un rebord saillant qui ferme toute la
circonférence de l'ouverture du poêle.
Cette marmite, qui s'adapte à volonté
dans le fourneau est en *terre vernissée*
ou en cuivre étamé. Dans le premier
cas, elle est préférable pour préparer
le bouillon, auquel elle ne communique aucune espèce de goût; dans le second, elle chauffe mieux, et s'emploie
utilement à faire chauffer de l'eau ou
d'autres choses, lorsque le bouillon est
fait.

La forme de cette marmite n'expo-
sant que la partie conique de ses parois
à l'action directe du feu, on est maître
de n'y mettre d'eau que jusqu'à cette

hauteur; en sorte qu'un pot-au-feu plus ou moins grand peut y être apprêté sans danger. Lorsque toute la capacité n'est pas remplie, on peut faire entrer jusqu'à quelques lignes de la superficie du pot-au-feu, un vase en fer-blanc, dans lequel la température, entretenue par la vapeur du bouillon, est utilisée pour faire cuire différens légumes, ou des viandes à l'étouffade.

Ce même fourneau peut encore servir de *poéle* ou *calorifère*, sans qu'on y fasse cuire aucun aliment. Dans ce cas, la marmite est remplacée par une capsule en tôle qui répand dans l'air circulant près de ses parois intérieures, la chaleur que lui transmet le combustible.

Caléfacteur de M. Lemare.

Probablement la plupart des personnes qui connaissent de vue cet appareil, sont bien loin d'en apprécier tout l'avantage, toute la commodité, comme tout ce qu'il offre d'économie dans l'emploi du combustible.

Nous en parlons d'après une constante expérience de quatre ans; mais pour donner plus de poids à ces observations, nous emprunterons à MM. Thénard et Fournier, chargés par l'Académie des sciences de lui faire un rapport sur le caléfacteur, le tableau abrégé de tous les avantages qu'il présente, principalement dans les ménages privés de domestiques.

« D'après la construction de l'appareil, on voit que la double enveloppe du grand vase, le vase intérieur et enfin le vase-couvercle, étant remplis d'eau, et *la capacité de l'eau pour la chaleur étant très-grande*, en échauffant toute cette masse, on met à sa dispositon un magasin de chaleur assez considérable; si, de plus, au moyen de l'envelopp cen étoffe ouatée, on évite la plus grande partie de la déperdition de cette chaleur par les parois extérieures des vases, on conçoit que la température acquise dans tout le système s'y maintiendra longuement; que l'on ajoute à cela une production de chaleur très-économique, ce qui a lieu effectivement, puisque le charbon brûle au milieu de surfaces propres à absorber puissamment toute la chaleur, et que les produits de la combustion passent en couches très-minces entre des parois très-*conductrices*, et l'on aura une idée des avantages que le caléfateur présente dans ses applications à l'économie domestique, et principalement pour la préparation du bouillon.

» Tous les avantages de cet appareil sont faciles à saisir. On sait que, pour obtenir un bon bouillon, il faut, même avec la meilleure viande, que le pot bouille à peine, afin d'éviter la déperdition de l'arôme : le caléfacteur remplit parfaitement cette condition essentielle, puisqu'il conserve, pendant tout le tems nécessaire la température près du degré de l'ébullition. Cet appareil est d'ailleurs très - peu dispendieux, il n'exige presque aucun soin : la viande y est toujours cuite *à propos*, et le bouillon meilleur que par les procédés ordinaires ; de plus, on a, dans l'enveloppe extérieure, plusieurs litres d'eau chaude qui peuvent être utilisés pour les lavages ; la viande et le bouillon peuvent se conserver suffisamment chauds, pendant plusieurs heures après leur préparation. On peut, sans inconvénient, mettre dans la marmite des quantités moindres que le *maximum* de ce que sa contenance permet. Rien n'empêche que le pot-au-feu se fasse presque entièrement en l'absence de celui qui est chargé de ce soin : avantage très-précieux pour les malades, et surtout pour les ouvriers qui peuvent, en rentrant de leur travail, trouver un aliment bien préparé, qu'il leur est souvent impossible de se procurer, parce que le tems leur manque.

« Cet appareil est propre, non-seulement à la préparation du bouillon, mais à cuire presque tous les légumes et les viandes ; il suffirait, pour étendre ses applications dans l'économie domestique, d'avoir plusieurs marmites de rechange, et de les diviser en compartimens.

« Le caléfacteur est avantageux relativement à la dépense de combustible ; en effet, 280 grammes de charbon, terme moyen, suffisent pour un *pot-au-feu* de 3 kilogrammes de viande et 4 litres et demi d'eau ; d'après cela, une voie de bon charbon de l'Yonne, et dont le poids est de 55 kilogrammes, suffirait pour faire à-peu-près deux cents *pot-au-feu* de 6 livres. »

DESCRIPTION DES FIGURES

19, 20, 21, 22, 23, 24 et 25.

RELATIVES AU CALÉFACTEUR LEMARE.

—

La *fig.* 23 est une coupe verticale A B C D de l'appareil. Elle représente un vase cylindrique soudé à un vase cylindrique semblable qu'il enveloppe de toutes parts : Cette espèce de vase double est ouvert à sa partie supérieure, et le double disque qui forme son fond est percé d'un trou H, qui fait communiquer l'intérieur du petit cylindre avec l'air extérieur; un registre H C permet de supprimer à volonté cette communication. La capacité comprise entre ces deux enveloppes n'a que trois petites ouvertures; l'une à la partie supérieure K, destinée à verser l'eau dans la double enveloppe; une autre B, inférieure, garnie d'un robinet pour tirer l'eau; et la troisième L, que la première peut suppléer, puisqu'elle est destinée seulement à conduire la vapeur au-dehors, à l'aide d'un tube recourbé L M.

Un vase cylindrique I entre dans le vase ci-dessus décrit; il lui est concentrique, laisse deux lignes d'intervalle seulement, et, s'appuyant par ses bords supérieurs sur les bords de l'autre, il ne descend que jusqu'à une certaine profondeur; le reste de l'espace libre contient un disque $e\ g$, troué, en tôle, dont les bords relevés arrivent très-près de la paroi intérieure du grand vase; ce disque est maintenu à six lignes du fond par ses trois pieds qui posent sur ce fond. Un troisième vase P également cylindrique, fermé par un couvercle à recouvrement, entre d'une petite partie de sa hauteur dans le second et le couvre exactement. Enfin, une anse A F D permet d'enlever tout ce système à la fois.

D'après la construction que nous avons indiquée, l'on voit que la double enveloppe du grand vase A B C D, le vase intérieur I et enfin le couvercle P, étant remplis d'eau, et la capacité de l'eau pour la chaleur étant très-grande, en échauffant toute cette masse, on a un magasin de chaleur assez considérable; on peut d'ailleurs, au moyen d'une espèce de sac ou enveloppe ouatée, jetée sur tout l'appareil, éviter la plus grande partie de la déperdition de la chaleur par les parois extérieures des vases. On conçoit donc que la température acquise dans tout ce système s'y maintiendra longuement.

Manière de se servir du Caléfacteur.

On a vu que ce Caléfacteur se compose essentiellement de trois vases : *fourneau*, *marmite* et *casserole*.

On procède ainsi :

1°. On remplit d'eau froide à un pouce près le fourneau double-corps ; une douille sert à cet usage.

2°. On jette sur la grille du charbon *bien sec, ni trop petit ni trop gros, allumé en partie;* il n'y en a ni trop ni trop peu, quand la marmite étant présentée, elle est tenue légèrement soulevée au-dessus de la galerie.

3°. On tire à soi la planchette en tôle ou *registre*, placé horizontalement sous le fourneau, de sorte que le trou de l'air froid soit entièrement ouvert. (*Voir l'appareil.*)

4°. On place la marmite convenablement préparée, comme un pot-au-feu ordinaire. Si l'on met la viande lorsque l'eau est en ébullition, on n'écume pas; car alors l'écume est saisie et se coagule.

5°. Aussitôt après qu'on a mis la marmite, on la couvre avec la casserole aussi convenablement garnie.

6°. Lorsque le pot, écumé ou non écumé, est en ébullition, qu'on ne peut pas soutenir la main sur la casserole, on peut étouffer le feu, ce qui se fait en poussant la planchette ou registre jusqu'à son arrêt; la cuisson s'achève sans feu, si l'on met l'enveloppe ou robe ouatée.

7°. Le feu étant éteint, on met la robe ouatée, et au bout de 3, 4 ou 5 heures, à partir de l'ébullition, le pot-au-feu est fait, et sa chaleur n'est éloignée de celle de l'ébullition que de 10 degrés au plus.

Une heure ou deux avant le dîner, on peut rallumer le feu, et reporter un moment le liquide à l'ébullition.

Fourneau.

Il sert :

1°. A contenir le combustible;

2°. A faire bouillir dans son double-corps plus ou moins de litres d'eau pour les lavages;

3°. A fournir, comme une fontaine, de l'eau plus ou moins chaude;

4°. A cuire, par le moyen d'un tuyau de vapeur, *asperges*, *artichauts* ou *autres légumes*. (Voir *vase latéral.*)

5°. Et (c'est sa plus importante destination) à former comme une ceinture de chaleur autour et au-dessus du pot-au-feu, et à le conserver presque bouillant 4 ou 5 heures après que le feu est éteint.

Nota. Lorsqu'on veut utiliser la vapeur, il faut que la douille du fourneau soit et reste bouchée par le gros bouchon de liége destiné à cet office.

Si toutefois on voulait la déboucher pendant l'opération, il faudrait incliner doucement le bouchon, autrement l'eau pourrait être rejetée avec plus ou moins de force.

De la Marmite et des demi-Marmites.

La marmite ordinaire sert à *faire le pot-au-feu* ou *un bœuf à la mode, une poule au riz, une purée,* etc., etc.

Les demi-marmites ne sont autre chose que la marmite ordinaire coupée en deux portions séparables, dans l'une desquelles on peut faire un petit pot-au-feu, et dans l'autre un plat quelconque.

De la Casserole-pot-au-feu.

Cette casserole sert :

1°. A cuire un plat quelconque, *viande* ou *légumes ;* la cuisson s'y fait aussi bien que dans la marmite, si l'on a eu soin de ne pas étouffer le feu avant qu'elle n'ait été rendue brûlante, et si, après avoir étouffé le feu, on la recouvre avec la robe ouatée.

2°. A retenir dans la marmite la chaleur ascendante, qui, sans cela, se perdrait dans l'air, passant trop facilement à travers le simple couvercle de casserole.

On peut avoir aussi des demi-casseroles. Le prix est le même que celui des demi-marmites.

Il y a encore des casseroles et des demi-casseroles latérales, *même prix.*

Vase latéral double, et manière de s'en servir.

Il se compose du *vase externe*, auquel est pratiquée une gouttière verticale destinée à recevoir le tuyau coudé, qui part du fourneau, et d'un *vase interne* à fond de passoire, propre à contenir *pommes de terre, châtaignes, artichauts, asperges,* etc., qu'on veut cuire à la vapeur.

Cette passoire peut se diviser en deux par une cloison mobile, pour cuire deux choses au lieu d'une.

La vapeur qui se condense tombe en eau sous le fond grillé; et les légumes cuisent, restent toujours à sec, et conservent leur couleur naturelle ainsi que leur parfum.

On peut placer aussi la *casserole-poêle* ou des demi-casseroles, sur le vase latéral, et faire trois ou quatre plats par le seul effet de la vapeur.

Nota. Le petit tuyau de vapeur soudé sur le fourneau est traversé d'une lame de fer-blanc pour indiquer qu'il ne doit jamais être bouché.

Autre Nota. Le tuyau coudé est échancré latéralement à son extrémité inférieure : c'est par là que la vapeur s'élance sous le fond de la passoire ; pour cela, il doit être convenablement tourné, autrement la vapeur remonterait par la gouttière sans produire son effet.

Nota final. Plusieurs craignent que l'eau du fourneau ne tarisse par l'effet de la vapeur ; pour que cela arrivât, il faudrait qu'on eût remis du charbon, et que le tuyau de vapeur eût soufflé pendant plus de quatre heures.

Casserole - Poële, servant pour les roux, le rôti, la friture, etc.

Elle se place sur la galerie, avec ou sans four de campagne.

Lorsqu'on veut rôtir,

On la couvre avec le four de campa-
5 *

gne, sur lequel il est bon de mettre de
la braise ou des cendres chaudes.

On procède ainsi :

1°. On place la casserole sur la galerie, et on y verse un verre ou un demi-
verre d'eau, puis on met la viande et
par-dessus un morceau de beurre.

2°. On couvre, avec le four de campagne. L'eau se réduit en vapeur, pénètre la viande et la cuit.

5°. Lorsque l'eau est tarie, le côté qui
touche au fond de la casserole a déjà
pris de la couleur.

4°. On tourne le rôti.

L'eau d'abord, puis l'humidité de la
viande, se vaporisent et s'échappent par
la cheminée du four de campagne, et
le rôti se fait comme à la broche,
plus vite, et presque sans frais.

Four de campagne.

Il se place 1°. *sur le fourneau*, autour de la galerie, pour couvrir la *casse-
role-poéle* lorsqu'on rôtit, ou lorsqu'on
fait cuire du pain ou de la pâtisserie;

2°. Ou sur la *même casserole*, quand
on la place sur le vase latéral;

5°. Ou sur la *casserole-pot-au-feu*, à la place du couvercle lorsqu'on veut dorer *crèmes, gâteaux, œufs-au-lait, viandes*.

Il est bien entendu que dans les deux derniers cas, et lorsqu'on fait du pain, il doit être couvert d'une couche de cendres chaudes, ou de braise, ou de charbons allumés. (*Instruction publiée par M. Lemare.*)

Les appareils culinaires dont nous venons de donner la description sont appropriés principalement aux maisons de peu d'importance, vulgairement appelées *ménages bourgeois*. Nous croyons devoir y ajouter la description d'une vaste cuisine, convenable soit pour un grand restaurant, un pensionnat ou tout autre établissement considérable. Ce système, qui combine avec une grande économie de combustible, la commodité, la facilité du service et la propreté, est emprunté aux anglais qui l'ont mis en usage dans plusieurs de leurs grands établissemens.

Les appareils consistent en une rangée de foyers à étuver, un petit fourneau à la Rumford, une rôtissoire pour les grosses pièces, adossée à ce fourneau, et qui sert en même tems de four pour la pâtisserie. Une autre rôtissoire semblable à la première, mais plus petite; et enfin un appareil à étuver d'une construction particulière.

La rôtissoire est représentée sur la planche 3e. *fig.* 19 20 et 21 en plan, coupe transversale et élévation vue de face.

En élévation, *fig.* 21 on voit l'intérieur du four dont on a supposé la porte enlevée; on y distingue aussi la cavité qui l'environne, et dont on a supprimé pour la faire connaître, les briques qui doivent la fermer de ce côté. Le four repose sur un carré de briques placées de champ le long de ses bords, de manière qu'il se trouve au-dessous une cavité semblable à celle qui environne ses cinq autres faces. On y laisse une ouverture E, comme on le voit sur la coupe, *fig.* 20. Le combustible est introduit en D; d'après quoi l'on peut concevoir que le feu n'agit pas immédiatement sur le four. La flamme se divise de chaque côté le long des conduits F, F, et monte ensuite verticalement, en enveloppant l'arrière, les deux côtés et le dessus du four, d'où elle ne peut s'échapper qu'en descendant vers l'ouverture E qui est double, et se trouve de chaque côté. D'après cette disposition, la flamme est forcée de passer sous le four d'où elle s'échappe ensuite dans la cheminée C. Ceci a l'avantage de rendre la sole du four moins chaude que les autres parties, puisque la flamme ou la fumée ne peuvent l'atteindre qu'après avoir perdu la plus grande partie de leur chaleur.

En élévation, *fig.*, 19 on voit en O une ouverture qui est la bouche d'un tuyau fixée sur une plaque de fer qui ferme le devant de la cavité inférieure.

Ce tuyau se dirige en ligne droite sous le fond du four dont il occupe toute la largeur, et se recourbe ensuite et revient sur lui-même du côté opposé, où il se termine en traversant le fond du four, et communique avec la cavité que l'on voit en *c* dans la coupe *fig.* 12. Cette cavité est formée de côté comme le reste de la rôtissoire: une de ses faces est appliquée et attachée à la face intérieure d'une porte de bois G. On place une forte feuille de papier, préalablement trempée dans une bouillie d'argile, entre la tôle et la porte, pour empêcher celle-ci de trop souffrir de l'action de la chaleur. En haut de cette cavité, et sur la porte, est une ouverture *h*, qui donne dans le four. Le tube P communique avec le four et la cheminée au-dessus de la tirette *d*. On voit donc clairement que, quand la porte de la rôtissoire sera fermée, un courant d'air frais entrera en O, *fig.* 19, etc. ; ce courant s'échauffera rapidement dans son passage par le tube recourbé, entrera ensuite dans la cavité *c* de la porte G, pénétrera par le trou *h*, dans la rôtissoire, et de là s'échappera dans la cheminée par le tuyau P, au-delà duquel il est appelé par le tirage qui a lieu dans la cheminée même. Cette disposition offre deux grands avantages : la chaleur de ce courant d'air est suffisante pour produire un grand effet sur les substances que l'on veut cuire, et contribue à leur donner cet aspect de rissolé si recherché dans le rôti; mais le plus grand avantage consiste à emporter l'odeur désagréable dont on se plaint toujours pour la viande et les mets cuits dans les fours ordinaires.

A, est une porte à registre qui s'ouvre dans le cendrier.

D, est la porte du foyer, servant à introduire le combustible, et au-delà se trouve une autre porte qui s'ouvre au moyen d'un crochet attaché à la première.

Vis-à-vis de chaque cavité latérale ou inférieure de la rôtissoire, se trouvent placées dans le mur, des pierres carrées armées d'un anneau de fer, par lequel on les saisit et on les retire toutes les fois qu'il est besoin de nettoyer ces conduits intérieurs et d'en extraire la suie et la cendre.

L'appareil à étuver dont nous avons déjà fait mention, est composé d'une plaque carrée de fonte, posée horizontalement, bordée d'une rainure et percée dans son milieu d'un trou auquel vient aboutir un tuyau à vapeur garni d'un robinet à échelle et à index. Ce plateau, nommé *table à vapeur*, a environ huit décimètres de large, et sa rainure est disposée pour recevoir les bords d'un vase d'étain renversé en forme de couvercle. Ce vase est suspendu par une poignée qui sert à le lever et à le déplacer, lorsqu'il s'agit de mettre ou de retirer les plats à étuver. La rainure se remplit d'eau qui se forme par la condensation de la vapeur, et l'excédant s'échappe par un petit tuyau placé presque au niveau de la table.

Un objet de grande importance pour le service d'une cuisine considérable, c'est de se procurer constamment de l'eau chaude pour les lavages ou pour tout autre emploi. Nour allons décrire ici un appareil qui satisfait parfaitement à ce besoin.

Il consiste en un cylindre de fonte A, B, *pl.* 3, *fig.* 22, tenant bien l'eau, et ayant 6 décimètres de diamètre sur trois et demi de hauteur. Ce vase communique, sans soupape ni robinet, par l'intermédiaire du tuyau C, D, avec un grand réservoir d'eau froide R, dont le fond est plus élevé que le sommet du cylindre A, B ; sur celui-ci se trouve un tuyau *t*, qui s'élève aussi haut que le couvercle du grand réservoir R, et dont l'extrémité supérieure est façonnée en forme d'entonnoir, dans le but d'empêcher l'eau de se répandre par l'effet des ondulations accidentelles auxquelles pourait donner lieu le dégorgement de l'air ou toute autre cause. Par ce moyen, ce vase cylindrique devient partie intégrante du grand réservoir d'eau à quelque distance de ce dernier que les besoins du service puissent exiger de le placer; et il demeure constamment plein, tant qu'il reste quelque peu d'eau dans le premier.

Deux cylindres de fonte G, H, chacun de cinq centimètres de profondeur, sont unis ensemble par un tuyau P, et laissent entre eux un intervalle de cinq centimètres. Le cylindre inférieur est porté sur trois pieds t, t, t. A la distance de 15 centimètres du fond du réservoir d'eau froide, un tuyau Q fait communiquer une bouilloire avec le cylindre supérieur G. Un autre tuyau W, partant du fond du cylindre inférieur H, se recourbe en-dehors en forme de siphon, et a pour objet de ne laisser sortir l'eau que lorsque le cylindre H est tout-à-fait plein.

Le réservoir d'eau chaude se trouve aussi divisé en trois compartimens; l'un N entre les cylindres, l'autre au-dessous, et le troisième au-dessus. C'est dans ce dernier compartiment M, qu'est placé le tuyau *u*, destiné à l'évacuation de l'eau chaude. Ce tuyau s'ouvre en forme d'entonnoir vers le milieu du vase, et à un centimètre du fond supérieur.

Voici quelle est la marche de l'appareil. Supposez le vase A, B, récemment rempli d'eau froide, et la vapeur affluant dans le cylindre G. Celle-ci commencera aussitôt à transmettre sa chaleur à toutes les parties du cylindre, ainsi qu'à l'eau environnante ; mais surtout la portion d'eau qui repose sur le couvercle du cylindre, devenant plus légère par l'effet de la chaleur, tendra à monter, et sera continuellement remplacée par de l'eau plus fraîche, qui s'échauffera de même ; et ce mouvement continuera jusqu'à ce que la masse entière soit presque au degré de l'ébullition. Dans l'intervalle, l'eau provenant de la vapeur condensée dans le premier cylindre s'écoule dans celui d'en-bas, et transmet le reste de sa chaleur à l'eau qui l'environne. Quand la vapeur cesse de se condenser dans le cylindre supérieur, elle passe dans l'intérieur, et y abandonne sa chaleur en se liquéfiant, jusqu'à ce que l'eau qui le couvre soit devenue presque bouillante. L'eau de condensation est ensuite évacuée par le tuyau siphon **W**; après quoi vient la vapeur pure, dont on arrête le dégagement ou la perte par le robinet. L'eau distillée est reçue dans un petit réservoir, et on l'emploie comme eau chaude pour les usages ordinaires, ou comme eau distillée dans le cas de besoin.

Le compartiment supérieur ayant près d'un décimètre de hauteur, contient par conséquent plus de 25 litres, et cette quantité d'eau est chauffée au degré de l'ébullition, en très-peu de tems, par l'introduction de la vapeur, tandis que l'eau qui occupe les autres parties du réservoir conserve encore sa fraîcheur. Il en résulte que l'eau qui vient remplacer celle qu'on a tirée, ne refroidit nullement celle qu'on tirera un instant après, mais qu'elle s'échauffe graduellement à mesure qu'elle monte.

En environnant le réservoir de substances non conductrices de la chaleur, et en le renfermant dans un coffre de bois, on le rend susceptible de conserver l'eau suffisamment chaude pour tous les usages, depuis le soir jusqu'au matin, ou pendant une journée, et l'on peut se dispenser, pendant cet intervalle, d'y appliquer de nouveau le chauffage par la vapeur formée par la bouilloire.

FIN.

TABLE

DES MATIÈRES.

———

CHAPITRE DEUXIÈME.

Des Fourneaux et Appareils divers pour la cuisson des alimens.

FIN DE LA TABLE.

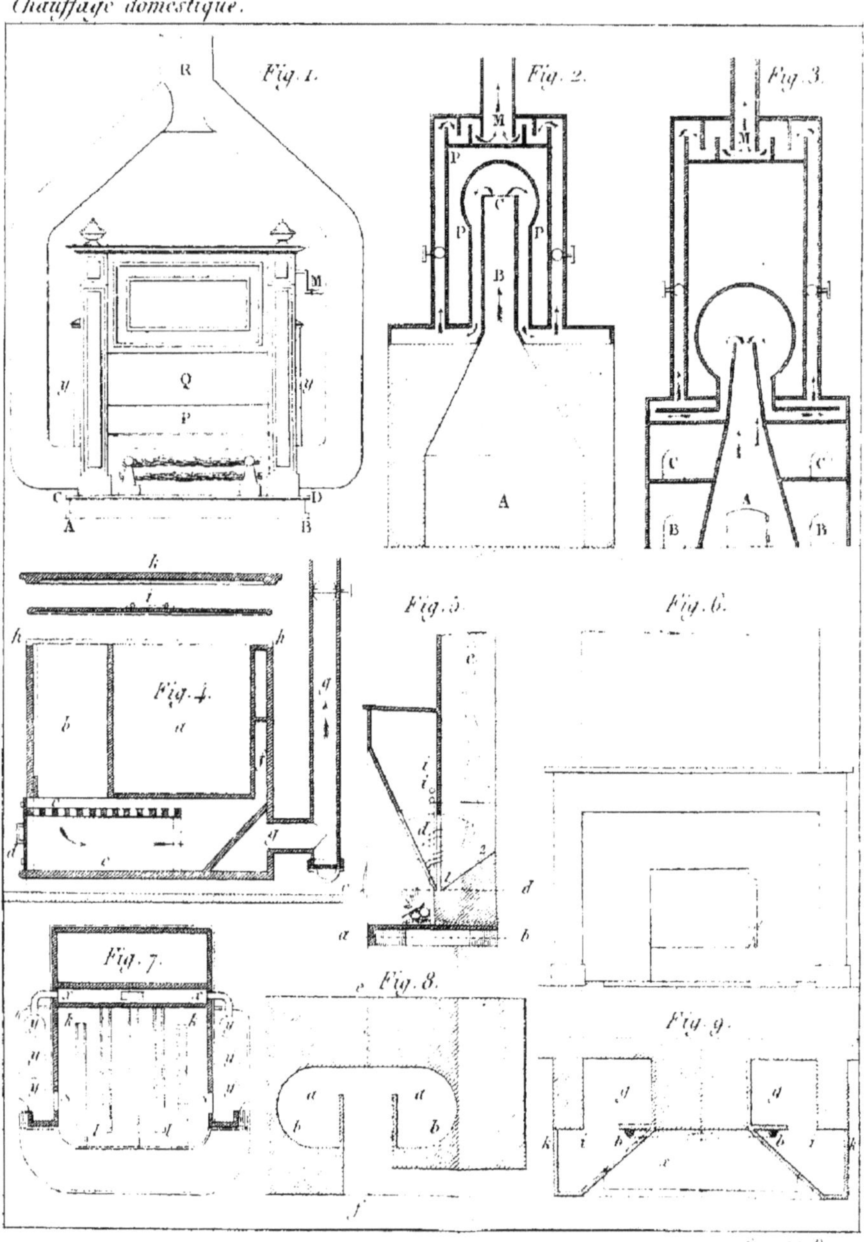

Fig. 1.
Fig. 2.
Fig. 3.
Fig. 4.
Fig. 5.
Fig. 6.
Fig. 7.
Fig. 8.
Fig. 9.

Chau
B
I
F
E
A
D

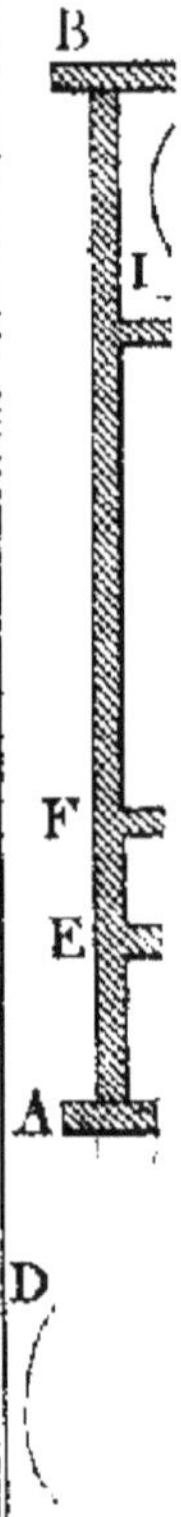

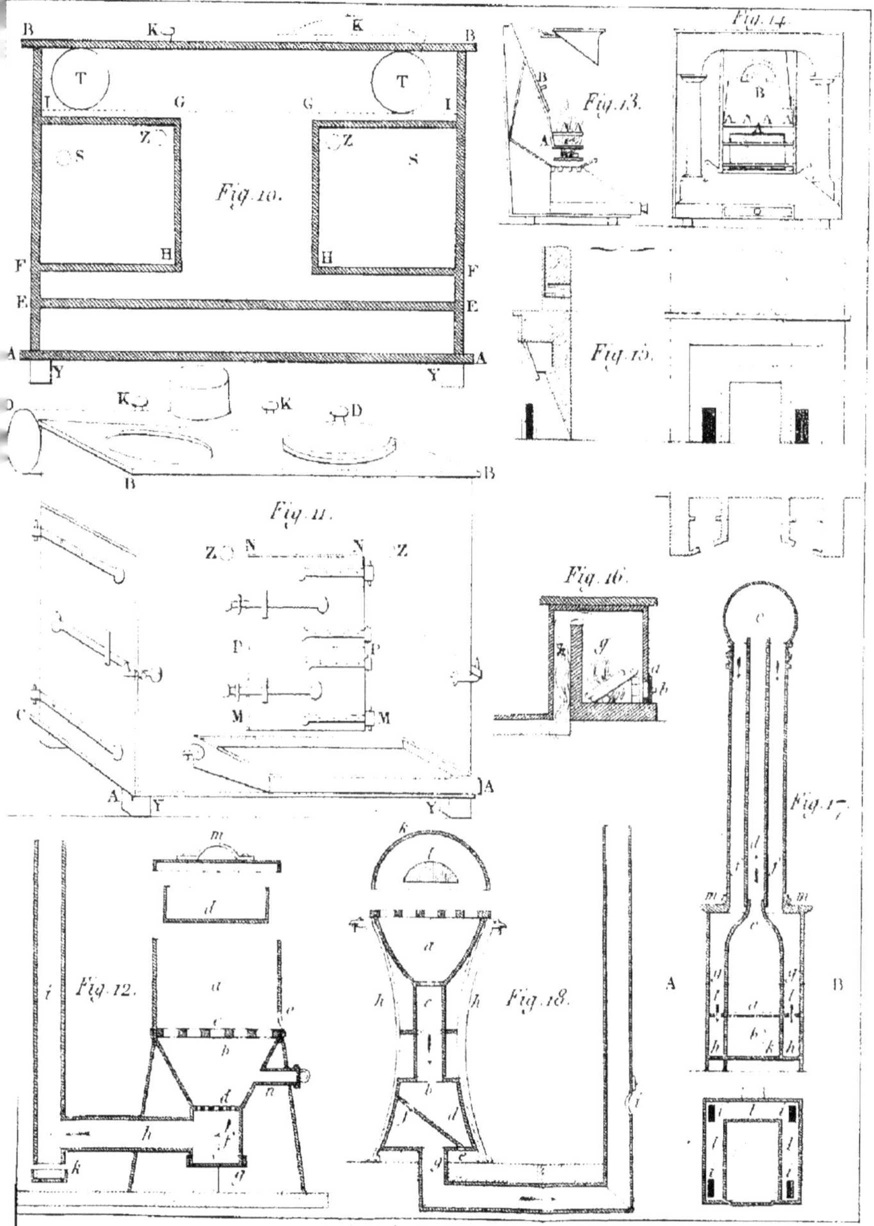

Fig. 10.
Fig. 11.
Fig. 12.
Fig. 13.
Fig. 14.
Fig. 15.
Fig. 16.
Fig. 17.
Fig. 18.

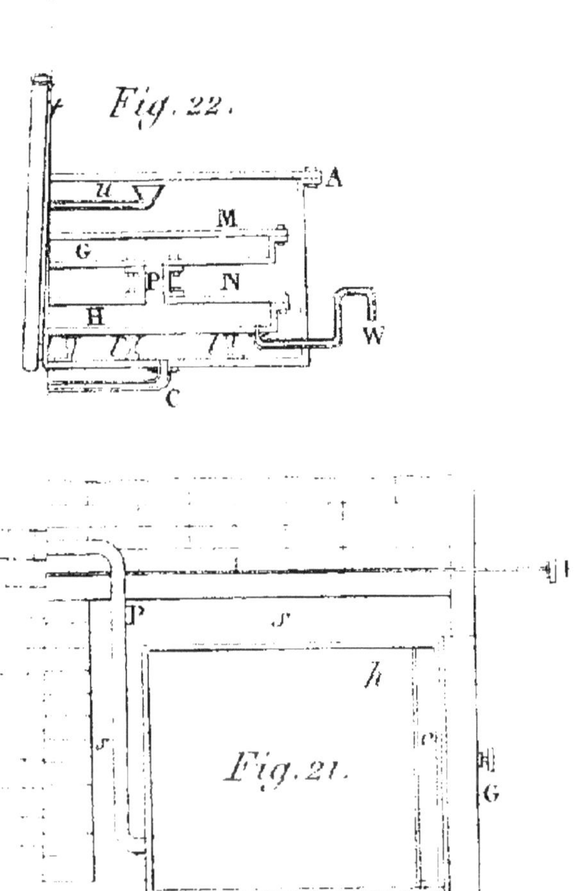

Gravé par Durau

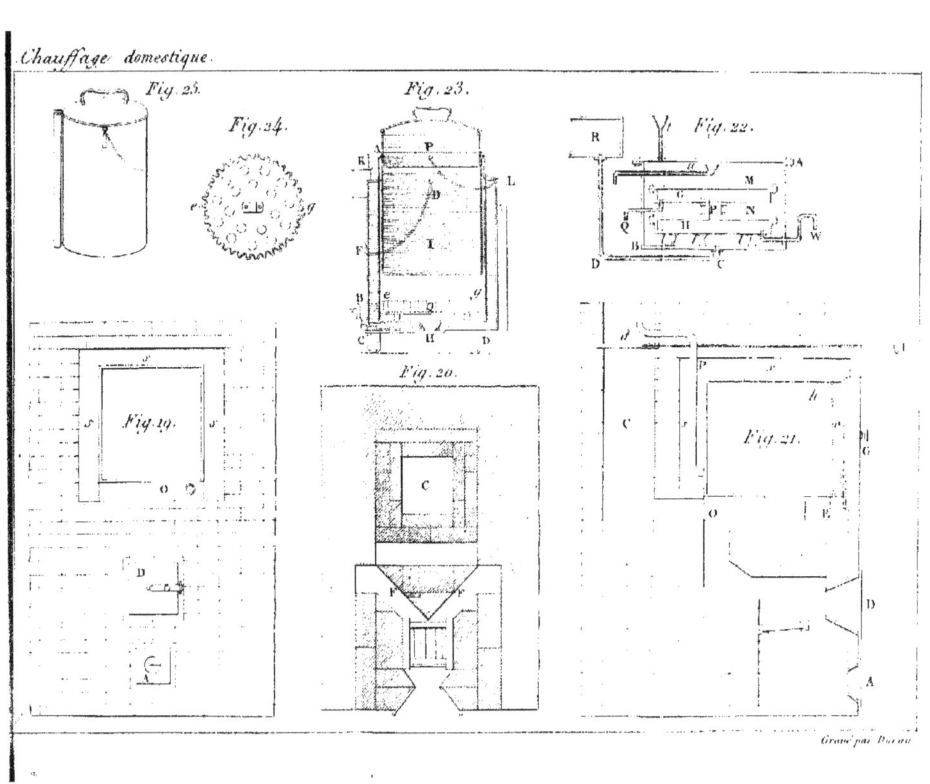

Fig. 25.
Fig. 24.
Fig. 23.
Fig. 22.
Fig. 19.
Fig. 20.
Fig. 21.
Gravé par Durau

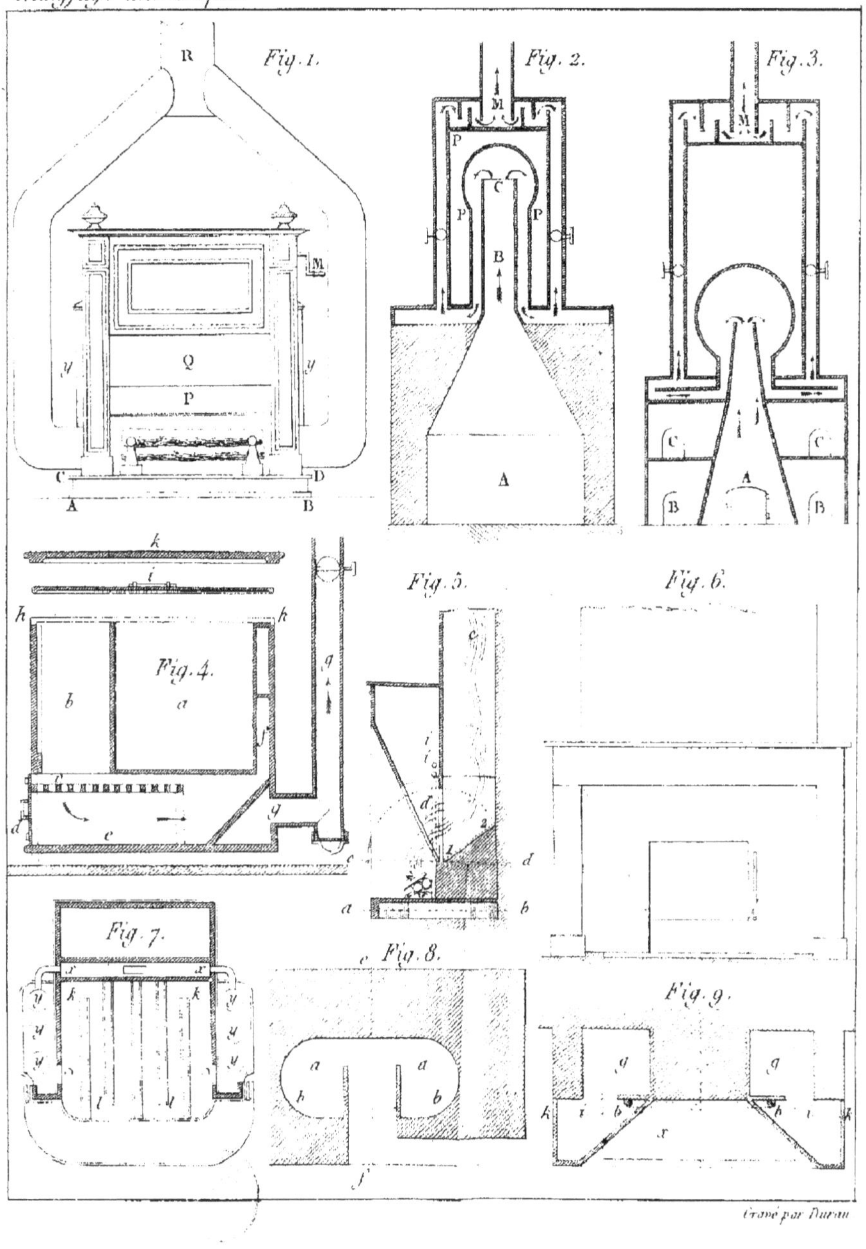

Gravé par Durau

9 782329 736839